Tout est Science (Paperback)

Ryan P. Mahfouz

Pour Sami, Florian et Lucas mes meilleurs amis,

Merci de m'avoir écouté jacasser pendant des heures et des heures

Table des matières

Intro

La démarche scientifique

Le continuum du savoir

Les langues

La littérature

Les arts

L'histoire

La sociologie

Les sciences sociales

Les sciences humaines

La psychologie

La biologie

La chimie

La physique

Les mathématiques

La géométrie

La philosophie

Retour aux langues

Le savoir

Paperback bonus: Une Science Pour Tout

Paperback bonus: Ce qui n'est pas Science

Notes

Bibliographie

Introduction

La science n'est pas un sujet d'étude en particulier. Ce n'est pas non plus une connaissance exclusivement réservé aux scientifiques. Pour moi, la science est le résultat d'une démarche scientifique. C'est un état d'esprit lorsque l'on acquiert du savoir.
Dans ce livre je tiens à défendre que tout peut être science. La méthode scientifique est applicable à tout type de savoir et peut être utilisée pour créer une science de n'importe quoi. De la même façon que la philosophie enveloppait toutes les disciplines au temps de Socrate et ses semblables, la science peut aujourd'hui se vanter du même exploit.

Pour démontrer mon opinion, j'ai tracé un continuum du savoir sur lequel toute discipline peut être retrouvée. J'ai construit ce continuum sur la base du principe que tout savoir mène à un autre savoir. De cette façon, il est absolument possible que l'approfondissement du savoir dans une certaine discipline conduise à un savoir dans une autre discipline. Dès lors, le savoir est quasi-infini et pourtant accessible en son entièreté à partir du moment où l'on a posé les bases nécessaires[1].

Dans les pages qui suivent, je donnerai donc pour quelques disciplines arbitrairement choisies une ou plusieurs définitions tirées d'un Larousse. J'expliquerai mon point de vue selon lequel la démarche scientifique est applicable à absolument toutes les disciplines en posant lorsque nécessaire des questions de recherche, en émettant des hypothèses etc. Je donnerai aussi parfois quelques exemples d'autres disciplines étroitement liées à celle que nous observons puis j'expliciterai leur place dans le continuum lorsque cela semble utile.

La démarche scientifique

Qu'est-ce que la démarche/méthode scientifique?

« La méthode scientifique désigne l'ensemble des canons guidant ou devant guider le processus de production des connaissances scientifiques, qu'il s'agisse d'observations, d'expériences, de raisonnements, ou de calculs théoriques »

Ayant été étudiant à l'université en sciences politiques ainsi qu'en sciences psychologiques et de l'éducation, je suis plutôt familier avec ces cannons. Ils consistent en une collecte de données approfondie (une observation de faits), suivie par la formulation d'une question de recherche et d'une hypothèse pour ensuite concevoir et conduire une *expérience scientifique*. Suite à celle-ci, les résultats sont interprétés afin de les comparer aux modèles en place. Si les données conformes aux attentes on les intègre, sinon on révise soit l'expérience soit le modèle.

Collecte de données -> question de recherche -> hypothèse -> expériences -> interprétation -> comparaison/intégration -> repeat

Il y a plusieurs façons d'aborder un sujet selon cette démarche scientifique. Ici j'aimerais juste en citer quelques unes: les méthode inductives, les méthodes par hypothèses, les méthodes axiomatiques etc.

Un concept clé de la méthode scientifique est l'objectivité. Ce terme est habituellement défini comme une « qualité de ce qui est conforme à la réalité » et qui « porte un jugement sans faire intervenir des préférences personnelles ». C'est une qualité indispensable qui demande un effort considérable et une rigueur constante que tout chercheur scientifique digne de ce nom s'efforce d'incorporer.

La démarche scientifique est applicable à tout savoir et transcende l'humanité par son objectivité. On pourrait supposer que des chercheurs d'une race extraterrestre intelligente examinant les mêmes sujets que des chercheurs terriens, tous de façon objective, tireraient les mêmes conclusions.

On pense que cette méthode nous conduit à la connaissance, à la vérité, cependant ce n'est pas toujours le cas. Le critère d'objectivité et d'autres contraintes du monde réel font que même si la démarche scientifique est suivi à la lettre, des erreurs peuvent survenir. Celles-ci proviennent généralement soit de l'expérience qui n'était peut-être pas assez précise ou tout simplement fausse, soit de l'expérimentateur qui, pour une raison ou une autre, n'était pas suffisamment objectif.

Le continuum du savoir

Le continuum du savoir est un cercle. Il n'y a pas de point de départ ni de point d'arrivée dans ce continuum et les disciplines dont nous discuterons sont arbitraires. Par cela je veux dire que n'importe quelle autre discipline pourrait être discutée dans ce livre, et d'ailleurs je mentionnerai de nombreuses disciplines en lien avec celles discutées. Ici je commencerai et terminerai par les langues pour la simple raison que sans mots pour définir les concepts et les objets qui constituent le monde qui nous entourent, je ne pourrais pas écrire ce livre, cependant il est important de tenir en compte que tout savoir n'appartient pas nécessairement à une seule discipline et que chacune d'entre elles pourrait être notre point de départ/arrivée ou une étape du continuum. Je justifierai les liens entre les disciplines au sein des chapitres qui leurs sont dédiés, pour l'instant je me contenterai d'expliciter le continuum par un dessin:

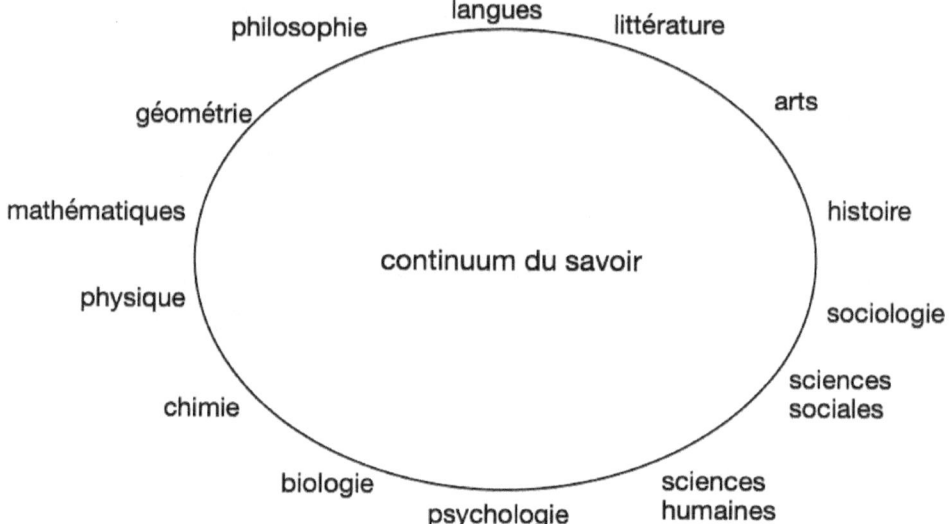

Les langues

Définition Larousse: 1) système de signes vocaux, éventuellement graphiques, propre à une communauté d'individus, qui l'utilisent pour s'exprimer et communiquer entre eux. 2) ensemble de règles concernant les diverses composantes d'un système linguistique.

Comme je l'ai mentionné au dessus, je commence par les langues car un grand nombres de scientifiques de plusieurs disciplines sont d'accord sur un point: un des exploit majeur de l'être humain qui a permis tous les autres exploits est l'usage d'un langage articulé[2].

Cependant, cet argument soulève déjà quelques questions: qu'est-ce qui est si spécial à propos du langage articulé? En quoi se différencie-t-il de différents types de langages (le langage corporel, les messages chimiques, le code etc..)? Et quelles sont les différentiations au sein même du langage articulé? C'est à dire, quels sont les différents types de langues et comment sont-ils apparus? Toutes ces questions pour moi relèvent de la science des langues. On ne peut répondre à ces questions qu'en émettant des hypothèses et en les vérifiants par des observations et/ou des expérimentations rigoureuses.

On pourrait peut-être parler de sciences de la communication et je pense que l'on aurait raison. De ce fait, il existe déjà de telles sciences[3]. Il y a aussi une science spécifiquement dédiée à la langue: la linguistique. Celle-ci a pour objet d'étude la sémantique, la pragmatique, la phonétique et plusieurs autres sujets[4].

La littérature

Définition Larousse: 1) ensemble des oeuvres écrites auxquelles on reconnait une finalité esthétique. 2) ensemble des ouvrages, des articles de journaux, etc., consacres à quelqu'un, à un sujet. 3) ensemble de connaissances et des études qui se rapportent à ces oeuvres et à leurs auteurs.

Rien ne paraît plus éloigné de la science que la littérature, cependant c'est par un usage très précis de thèmes, de genres, de mots et tout un tas d'autres outils - par une application déterminée du langage écrit - que celle-ci peut-être utilisée pour accomplir des buts concrets tels transmettre le savoir ou provoquer certaines émotions.

Quiconque ayant lu Shakespeare aura constaté la possibilité inhérente de créer du langage qu'a la littérature[5]. Evidemment, s'il n'est pas utilisé, le langage ne peut exister.

La démarche scientifique peut s'expliciter dans la littérature en posant des questions de recherche potentielles telles: quelles sont les réactions qu'on peut attendre, les émotions qu'on va provoquer lorsque l'on utilise un certain registre, un certain genre ou autre pour aborder un certain sujet?

On peut aussi étudier les messages transmis, leur impact sur les différents publics dans différents contextes sociaux etc. Et encore bien des choses auxquelles je ne suis pas capable de réfléchir.

Plutôt que de science dans la littérature, on pourrait parler de littérature dans les sciences. Après tout, tout écrit scientifique satisfait au moins une des trois définitions de littérature que j'ai repris ci-dessus.

L'étude de la littérature renvoie directement à l'étude du langage mais c'en est une branche spécifique dédiée au langage écrit. De plus, la littérature est un art. Nous discuterons la science des arts dans le prochain chapitre, pour l'instant je me contenterai de mentionner que l'étude des arts ne peut être réalisée sans une étude des émotions humaines mais aussi de leurs gouts et donc de leurs sociétés.

Les arts

Définition Larousse: 1) ensemble des procédés, des connaissances et des règles intéressant l'exercice d'une activité ou d'une action quelconque. 2) création d'objets ou de mises en scène spécifiques destinées à produire chez l'homme un état particulier de sensibilité, plus ou moins lié au plaisir esthétique.

Nous venons de discuter que la littérature peut être une science, or, la littérature est un art. Je suppose qu'il n'est donc pas insensé de prétendre que l'art puisse également être une science à titre expérimental. Donnons quelques exemples: La peinture, la musique, la sculpture, le théâtre, les films provoquent tous des émotions de manière constante et prévisible. Comment cela ce fait-il? Quels sont les mécanismes qui traduisent certains stimuli visuels, auditifs ou autres en émotions distinctes?
On pourrait aisément imaginer quelques expériences pour établir des liens corrélationnels ou causaux entre stimuli et ressentis, cela existe déjà[6].

Dans les sciences de l'art on pourrait étudier l'effet des formes et des couleurs sur l'humain, dépendant des cultures, des temps et d'une myriades d'autres variables. Ceci se rapprocherait du domaine de la psychologie.

Nous pourrions aussi étudier l'influence que l'art a pu avoir sur différentes sociétés au fil des âges mais aussi l'influence du contexte sur l'art produit dans ce contexte. Cette approche plus sociologique et historique de l'art correspondrait à ce qui est aujourd'hui connu sous le nom d'histoire de l'art.

L'histoire

Définition Larousse: 1) connaissance du passé de l'humanité et des sociétés humaines; discipline qui étudie ce passé et cherche à le reconstituer. 2) suite des événements, des faits réels, des états marquant l'évolution d'un groupe humain, d'un personnage, d'un aspect de l'activité humaine etc.

Bien que nous n'ayons pas tendance à associer l'histoire et la science, je pense pouvoir vous convaincre que l'histoire est une des plus anciennes sciences qui soit.

Avant l'histoire, c'était la préhistoire. Nous avons tous appris à l'école primaire que le début de l'histoire est l'invention de l'écriture[7]. Cependant les humains se transmettent des informations et se racontent des histoires sur eux-mêmes depuis bien plus longtemps comme le témoignent les arts rupestres datant de plus de 40000 ans[8].

Différentes façons de perpétuer l'information ont évoluées avec l'humain. Ces évolutions dépendent des besoins des groupes d'humains qui les ont adoptés. Les formes d'arts rupestres et d'écritures anciennes sont donc des données précieuses lorsque l'on étudie l'origine de nos civilisations et de nos cultures.

Sans compter que l'élaboration de ces moyens de conserver l'information est probablement le résultat heureux d'une démarche quasi-scientifique archaïque, ils ont permis aux premiers humains de récolter et d'immortaliser des données sur bases d'observations à partir desquelles ils ont émis des prédictions. Cela ressemble quelque peu à nos sciences d'aujourd'hui.

Il est indéniable que l'histoire de la science fait partie de l'histoire au sens large du terme (on peut parler d'épistémologie). La science est ancrée dans la pensée de l'être humain depuis des milliers d'années, c'est le message que j'aimerais faire passer à travers ce livre.

Aujourd'hui on peut examiner le caractère prédictif de l'histoire. On a tous déjà entendu dire que l'histoire se répète, mais comment cela se fait-il? Quels sont les mécanismes qui gouvernent les évolutions et les interactions des sociétés humaines qui cohabitent notre planète?

En posant de telles questions de recherches et en émettant des hypothèses appropriées, on peut faire de l'histoire une science qui se rapproche certainement de la sociologie et de l'anthropologie.

La sociologie

Définition Larousse: 1) étude scientifique des sociétés humaines et des faits sociaux. 2) étude des groupes humains qui exercent un métier, qui professent une foi, manifestent des croyances, qui s'intéressent à un phénomène culturel, artistique.

Si je fais sortir la sociologie des sciences sociales c'est parce que je pense que c'est la science sociale de référence. Grâce à de nombreux auteurs, des vrais géants intellectuels, l'étude de la société, malgré toutes ses variables et son imprévisibilité, parvient à acquérir le titre de science. Elle n'est pas encore vu comme une science exacte, mais il ne me parait pas insensé d'y rêver.

Ici je ne parlerai que d'un auteur fondateur de la sociologie: Max Weber. Je pense que c'est grâce à son principe de neutralité axiologique que la sociologie a pu se hisser au rang de science[9]. Cette neutralité axiologique est tellement fondamentale à la science qu'elle en est devenue un pré-requis[10].

La sociologie - et toutes les études qui ne sont pas des sciences exactes d'ailleurs - ne sont pas vu comme telles à cause du nombre trop important de variables inconnues. Le problème est que nous ne savons pas ce que nous ne savons pas (cela peut se comprendre de deux façons et les deux sont problématiques). Cependant cela n'empêche pas à la démarche scientifique d'être appliquée à absolument tous ces domaines et de réduire le champ des choses que l'on ne sait pas et d'étendre celui des choses qu'on sait que l'on ne sait pas.

Par cette démarche, la sociologie et les autres sujets d'études qui ne parviennent pas à se faire reconnaitre comme science peuvent quand même nous en apprendre long et large sur le monde, son fonctionnement et notre place en son sein.

Les sciences sociales

Définition Larousse: disciplines qui étudient les sociétés humaines, leur culture, leur évolution

À part la sociologie, j'entends par sciences sociales, l'économie, l'anthropologie, la politologie, en réalité, j'inclurais tous les domaines d'études que nous avons vu jusqu'ici et bien d'autres encore.

Selon moi, toutes ces sciences sociales sont des spécialisations de la sociologie. De la même façon, nous discuterons plus tard du fait que la sociologie est une des spécialisations de la physique.

De manière générale, les sciences sociales ont le même défaut que la sociologie: trop de variables inconnues. De l'autre côté, elles ont aussi autant de potentiel à nous instruire. Comme le disent de nombreux auteurs bien plus qualifiés que moi, le futur réside dans les mystères[11].

On constate qu'une grande partie des variables inconnues émergent lorsque des humains entrent en jeu et interagissent entre eux et avec leur environment, Enfaite, on a déjà du mal à partir de quelques variables seulement, à cause de la loi du chaos[12].

Mais c'est cet élément humain, ce mystère de la vie et de son organisation, qui nous intrigue le plus, car après tout, il nous concerne un peu quand même.

On peut donc se demander ce qui sépare les sciences sociales des sciences humaines? Selon mon idée de continuum, rien ne les sépare. Ce sont des distinctions arbitraires que nous faisons qui, selon moi, ne dépendent que des intérêts (des spécialisations) de chercheurs proéminents qui définissent ces domaines par leurs travaux et leurs applications.

Si on ne regarde que les définitions Larousse de sciences sociales et de sciences humaines, on constate que la sociologie et donc les sciences sociales sont en fait des branches des sciences humaines. Selon moi ça devrait être l'inverse.

Je pense qu'il y a ce que j'appellerai un *critère de spécialisation* qui sépare tout domaine d'un autre. Ce critère de spécialisation est caractérisé par les choix arbitraires qui définissent notre cadre de recherche. Par exemple, le critère de spécialisation entre les sciences humaines et les sciences sociales est pour moi simplement l'élément humain, car nous pouvons étudier les sociétés de n'importe quelle population d'êtres vivants et leurs organisations respectives ainsi qu'entre elles.

Je redéfinirais la sociologie et les sciences sociales en retirant simplement le mot « humain » de leurs définitions Larousse.

Les sciences humaines

Définition Larousse: disciplines ayant pour objet l'homme et ses comportements individuels et collectifs, passés et présents.

Quand on tape « sciences humaines » dans Google, on découvre que certains domaines des sciences humaines ressortent aussi en tant que sciences sociales. Comme nous l'avons vu plus haut, les sciences humaines peuvent être vu comme une spécialisation dans les sciences sociales car notre critère de spécialisation est arbitraire.

Les sciences humaines sont donc celles qui cherchent à comprendre l'humain, mais avons nous vraiment envie de nous comprendre nous-mêmes?

Nous sommes encore loin de réaliser cet exploit. Les sciences humaines restent pour la plupart des études sur une étendue d'êtres humains et les nombres de variables connues mais surtout inconnues sont énormes.

Malheureusement se concentrer sur le fonctionnement d'un seul être humain n'est pas partie gagnée non plus.

La psychologie

Définition Larousse: 1) discipline qui vise la connaissance des activités mentales et des comportements en fonction des conditions de l'environment. 2) ensemble des idées, des sentiments propres à quelqu'un, à son groupe.

Tel la sociologie, je fais sortir la psychologie des sciences humaines car c'est une discipline de référence dans ce groupe-ci particulier. C'est la science de l'humain (donc nous) et de notre comportement.

C'est une science réputée pour sa controverse. En tant qu'étudiant en psychologie je suis bien placé pour le savoir. Il est rare que deux experts utilisent exactement la même définition pour un concept quelconque tel l'intelligence, la conscience, l'attention et j'en passe.

C'est une science qui parait intuitive mais ne l'est pas toujours. Comment prenez-vous des décisions? Quels sont les mécanismes qui déterminent vos préférences? Sommes-nous tous uniques dans notre façon de fonctionner?

La psychologie est une science jeune et en pleine croissance. Comme toutes les autres, elle évolue constamment avec la culture dans laquelle elle est étudiée.

Paradoxalement, c'est aussi cette science au sein des sciences humaines qui nous permet de sortir radicalement de notre anthropocentrisme. C'est en comprenant que tous les êtres vivants complexes ont leurs propres perceptions du monde, leurs propres ressentis voire leurs propres émotions que notre relation avec le monde qui nous entoure peut changer.

À partir de là, nous pouvons envisager les rôles de chaque être vivant au sein de leurs écosystèmes en identifiants leurs comportements, leurs fonctionnements, et leurs relations avec les autres membres de leurs systèmes.

La biologie

Définition Larousse: ensemble de toutes les sciences qui étudient les espèces vivantes et les lois de la vie.

C'est l'étude du vivant et la première science naturelle que nous rencontrons. Cependant dire que la biologie est une science exacte est un peu exagéré[13].

Comme le défend très bien Didier Raoult, la base de la science est le doute, et toute discipline qui écarte le doute, s'éloigne de la démarche scientifique[14]. Nous réalisons tous les jours à quel point nous en savons peu sur le vivant[15].

La biologie comme toutes les autres sciences a évolué avec le temps. Les nouveaux outils permettent les changements de paradigmes[16] qui invitent de nouvelles idées de plus en plus éclairées. Cependant nous ne faisons que réaliser à quel point nous en savons peu. Aujourd'hui, la notion de vivant est à redéfinir[17]. C'est aussi le cas pour des termes moins englobants mais importants quand même comme espèce, virus, gène pour n'en mentionner que trois[18].

Grâce aux avancées technologiques nous parvenons à observer des êtres de plus en plus petit. La frontière entre la biologie et la chimie en est devenue si floue qu'il existe une discipline nommée biochimie.

La chimie

Définition Larousse: 1) partie des sciences physiques qui étudie la constitution atomique et moléculaire de la matière et les interactions spécifiques de ses constituants. 2) ensemble des connaissances sur la préparations, les propriétés et les transformations d'un corps.

C'est l'étude des molécules et des atomes mais aussi des alliages et des solutions. C'est avant tout une étude des interactions entre ces objets.

Lorsque nous pensons à la science, nous pensons souvent à des scientifiques dans un laboratoire en train de mélanger des liquides de couleurs exotiques afin de produire des explosions. C'est de la chimie.

Aussi visuels que puissent être certaines réactions chimiques, les modèles théoriques dont nous disposons pour comprendre ces réactions sont frontières à l'inconnu. Prenons le modele atomique comme exemple. Depuis le modele atomique de Rutherford dans lequel un atome ressemble à notre système solaire[19], notre conception de l'atome a connu une évolution continue.

Niels Bohr s'inspira du modèle de Rutherford en postulant que les atomes résidait dans des couches énergétiques définies et c'est ce postulat qui permit au technologies de spectrographie d'être développées.

Le modele atomique évolua encore lorsque Shrodinger développa un modele quantique de l'atome[20].

Ces avancées dans le domaine de l'inconnu ont permis la création de nombreuse technologie permettant à tous les aspects de la vie humaine de s'enrichir. Les applications de la chimie sont innombrables et présentes dans tous les domaines. Que se soit dans l'élaboration de nouveaux pigments dans le domaine de l'art, dans l'étude de matériaux les plus adaptes pour la construction d'un pont, le développement d'un nouveau smartphone ou quoique ce soit, nos connaissances dans le domaine de la chimie jouent un rôle central.

Et comme le démontre très bien l'évolution du modele atomique, une acquisition de connaissance dans le domaine de la chimie dépend directement de nos connaissance dans le domaine de la physique.

La physique

Définition Larousse: science qui étudie par l'expérimentation et l'élaboration de concepts les propriétés fondamentales de la matière et de l'espace-temps.

Le mot physique dérive du mot grec phusis, la nature. Vous ne serez donc pas surpris lorsque je prétend que la physique est l'étude des phénomènes naturels.

C'est une des pratiques scientifiques les plus anciennes et, je trouve, la science de référence. Lorsque je dis que tout est science, je postule que nous pouvons créer une physique de toutes les choses. S'il y a des domaines que je me suis permis d'omettre (cosmologie, météorologie, etc), c'est parce que je pense qu'ils se rangent sagement dans la catégorie fourre-tout qu'est la physique.

J'ai mentionné plus haut que les sciences humaines sont une spécialisation des sciences sociales, elles-même étant selon moi différentes spécialisations de la sociologie qui comme une poupée russe est contenu dans la physique. Je pense ceci car de mon point de vue, la sociologie et toutes ses spécialisations sont des études de phénomènes naturels sociaux, des physiques de la société.

Comme tout autre savoir, la physique et en évolution constante. Ceci est peut-être même plus vrai de la physique que de toute autre science. Un grand nombre de domaines d'études ont émergé de la physique, de la même façon que la physique et les mathématiques ont émergé de la philosophie.

Au sein même de la physique, l'évolution de la mécanique classique en mécanique relativiste, l'avenue de la physique quantique et depuis lors, les innombrables tentatives de réconciliations entre ces théories différentes témoignent de l'évolution continue de notre savoir sur la nature.

Ce savoir se décrit par un langage bien particulier, celui des idées, les mathématiques.

Les mathématiques

Définition Larousse: sciences qui étudie les êtres abstraits tels que les nombres, les figures géométriques, les fonctions, les espaces etc.

Les mathématiques fournissent des explications aux phénomènes naturels par un langage transcendantal dans le sens ou il ne se limite pas à l'être humain. L'ambition des mathématiques est que même un extra terrestre puisse comprendre l'univers selon nos équations.

L'usage des mathématiques découle de la logique[21]. Si l'on suit la logique mathématique, tout semble couler de source. Tout semble intuitif. Mais cela implique que l'on parle couramment la langue, ce qui pour beaucoup semble être un obstacle insurmontable.

Les mathématiques peuvent paraitre effrayantes par leur exactitude intransigeante. En mathématiques, le calcul fait office d'observation. Nous définissons les règles que les objets mathématiques doivent respecter et nous pouvons observer les conséquences de nos choix.

Cependant, bien que les mathématiques puissent avoir l'air très complexes, elles ne sont pas si inaccessibles que ça pour nous autres les moldus. Après tout, un objet mathématique n'est qu'une idée, et une équation peut être simplement décrite comme la relation entre des concepts différents.

La géométrie

Définition Larousse: pour Euclide, science des figures de l'espace; pour F. Klein, étude des invariants d'un groupe de transformations dans l'espace.

La géométrie est une branche des mathématiques. C'est un groupe d'idées qui se ressemblent et se rassemblent sous cette enseigne qui nous est à la fois familière et étrangère.

Je dis cela parce que la géométrie ne se résume pas à l'étude des cercles et des triangles. Dans la pensée d'Euclide telle que je la comprend, c'est une représentation graphique, parfois imaginaire de l'univers, c'est le pont entre les mathématiques et la réalité.

Une branche de la géométrie, la topologie, trouve des applications et ouvre des pistes dans les domaines de la cosmologie et de la médecine[22] qui révolutionne notre compréhension des grandes échelles comme des petites. Et tout ceci sans compter les applications de notre savoir sur ces figures de l'espace dans la physique, la chimie, et même l'art[23].

Je pense que nous sommes beaucoup à affirmer que pour pratiquer la géométrie, l'imagination est nécessaire, et ce d'autant plus lorsque nous étudions des objets plus abstraits telles les formes possédants plus de trois dimensions.

De ce fait, nous ne sommes pas toujours capable de représenter nos idées de façon visuelle. On ne peut parfois utiliser que nos mots, ce qui rends les discussions bien philosophiques.

La philosophie

Définition Larousse: ensemble de conceptions portant sur les principes des êtres et des choses, sur le rôle de l'homme dans l'univers, sur Dieu, sur l'histoire et, de façon générale, sur tous les grands problèmes de la métaphysique.

La philosophie est possiblement une des ou même la première science[24]. Elle est développée formellement en Grèce Antique avec le langage et la littérature (*logos*). C'est un moyen d'acquérir du savoir par le raisonnement et la logique.

C'est pour moi (et je ne suis pas seul) la signature de l'être humain[25]. Je ne sais pas si d'autres espèces que l'humain philosophent, cependant, même si d'autres le faisaient nos philosophie seraient selon moi un des éléments qui nous différencieraient et nous identifieraient.

Après tous, notre philosophie regroupe nos idées et leurs interactions les unes avec les autres. Les idées auxquelles nous avons accès dépendent de la façon dont nous faisons l'expérience du monde et celle-ci à son tour dépend non seulement de nos expériences, notre cultures, bref de tous nos apprentissages mais aussi de notre composition physique en tant qu'être vivant.

Faire de la philosophie c'est discuter et débattre de ces idées auxquelles nous avons accès[26].

De la même façon que l'on peut faire une physique de toute chose, on peut philosopher sur toute chose, même sur les sciences et sur la philosophie en elle même.

En philosophie, on peut émettre des hypothèse, élaborer des modèles, faire des prédictions pour comprendre, expliquer et anticiper des faits du monde.
On peut aussi faire des expériences de pensée qui se sont aussi avérées utiles dans le domaine de la physique[27].

C'est dans le domaine de la philosophie que se rangent l'éthique et l'épistémologie, ces sciences qui dirigent notre acquisition du savoir[28].

Retour aux langues

Repartons, de la sciences des idées, de la philosophie, véhiculée par le langage, et essayons de retracer notre chemin en sens inverse.

Si l'on parcoure l'histoire de la géométrie, nous constatons qu'elle débute en s'émancipant de la philosophie en tant que groupe d'idées spécifiques sur les formes de l'espace. De la géométrie nous pouvons généraliser aux mathématiques en élargissant notre critère de spécialisation.

C'est en appliquant ces mathématiques à des phénomènes naturels, par exemple pour calculer des prédictions à partir d'observations, que l'on fait de la physique. Nous avons discuté ultérieurement qu'un approfondissement du savoir dans la physique permet à la chimie d'avancer qui à son tour ouvre les portes de la biologie.

La biologie est une merveilleuse source d'information pour la psychologie et la psychologie en est de même pour toutes les sciences humaines. Qui dit sciences humaines dit sciences sociales, donc sociologie, et bien sur on ne peut se permettre de contourner l'histoire en étudiant l'humain et ses sociétés.

L'histoire se base en grande partie sur l'art et tout comme la philosophie, l'art est un moyen d'échanger des idées. La philosophie et l'art se retrouve confondu dans le domaine de la littérature qui n'existe que grâce à nos langues écrites. La boucle est bouclée.

Le savoir

Tout savoir est connecté. Non seulement par les domaines d'études placés sur le continuum mais aussi par leurs applications. Il y a des concepts, des logiques et des patterns qui sont communs à plusieurs voire tous les domaines du savoir. Il faut tenir en compte que j'ai garde le continuum unidimensionnel par soucis de simplicité.

Nous pouvons absolument envisager un continuum bidimensionnel ou les savoirs sont connectés non seulement le long du périmètre du cercle mais aussi par l'intérieur. C'est à dire qu'un approfondissement du savoir irait dans la direction du centre, se rapprochant donc de savoirs autrement plus éloignés. Par exemple, l'histoire peut être approfondie en une histoire de la terre, de l'univers et rejoindrait donc les domaines des sciences de la terre et de la cosmologie.

Je pense que le savoir existe indépendamment de l'humain. Il doit être acquis, découvert. Je rejoins Platon et son monde des idées proposé dans l'allégorie de la caverne[29].

Il y a plusieurs méthodes d'acquisition du savoir et celles-ci dépendent premièrement de nos caractéristiques physiques et donc de la façon dont nous pouvons interagir avec le monde qui nous entoure et deuxièmement de nos apprentissages, de notre relation avec le monde qui nous entoure.

De ce fait, il existe des savoir plus juste (ou en tout cas moins faux) que d'autres pour certains et à certains moments. La justesse d'un savoir peut perdurer longtemps ou être éphémère. Elle peut être unique ou cyclique, et probablement même aléatoire mais rien n'est éternel. C'est Voltaire qui dit: « le doute est un état d'esprit inconfortable, mais la certitude est ridicule ».

On considère que certaine méthodes d'acquisition du savoir sont plus valides que d'autres et je pense qu'il est vrai que certaines méthodes nous conduisent en effet plus régulièrement à des savoir apparemment moins faux. C'est un des mérites de la méthode scientifique lorsqu'elle est bien appliquée.

Trois différentes méthodes d'acquisition du savoir sont selon moi: 1) la raison, véhiculée par la philosophie et (lorsque l'on considère comme moi les émotions raisonnables) les arts; 2) la logique, mise en avant dans les maths et le discours; et 3) l'expérience et l'observation qui sont à la base des sciences en général.

Je pense aussi que le simple fait de mettre en relation différents savoir est une méthode d'acquisition du savoir en soi et que c'est peut-être même la méthode la plus importante.

J'appelle cette façon de tout mettre en relation avec tout le reste, le systèmisme.

Paperback bonus: Une Science Pour Tout

Dans cet essai nous avons vu que tout domaine du savoir est connecté à tous les autres. Ce sont tous des systèmes qui font partie d'un plus grand système, le système du savoir. Ceci dit, il pourrait y avoir des systèmes intermédiaires qui regroupent ces différents domaines du savoir en plus grande 'familles', toutes comprises sous cet emblème probablement infini que nous appelons le savoir.

Dans ce chapitre bonus nous allons regrouper nos champs d'études en catégories complètement arbitraires, mais qui j'espère illustreront efficacement l'interconnection entre toutes les sciences ainsi que la futilité de leur dissociation. Ces catégories seront bien sûr toujours connectées les unes aux autres.

Selon moi, il faut une science pour se rendre compte du présent, une science pour garder une trace et apprendre du passé, une science pour se préparer au futur et une science pour coordonner, organiser les sciences entres elles. Comme un humain avec ses organes et son cerveau, comme une cellule et son noyau, comme un système en general.

J'appellerais notre science du présent 'Science du savoir', qui engloberait donc le savoir sur soi et le savoir sur le monde. Une telle science pourrait inclure (mais n'est pas limitée à) l'histoire, la théologie, la psychologie, la biologie, la physique, la chimie, certaines sciences sociales telles que l'économie et la politique et j'en passe (j'en passerai certainement à chaque fois). Nous pourrions aussi appeler ça 'Science de la compréhension' ou n'importe quel autre nom tant qu'on est tous d'accord qu'il représente la même enseigne.

Pour profiter du passé, créons une 'Science de la culture' ou 'Science de la conservation'. Celle-ci rassemblerait aussi bien l'histoire que les arts et la littérature, mais aussi les sciences de la Terre, de l'origine de l'Univers et plus encore.

Toute science qui tente de prédire que le future peut rentrer dans la catégorie de 'Science du futur'. Que ce soit de la physique, des sciences humaines ou sociales, que notre object d'étude soit un sport ou un art ou le development d'une économie, tous les domaines peuvent se réunir dans le but de prédire.

Finalement, notre science pour coordonner toutes les autres et visant à l'organisation de l'humanité, du monde en général pour être une 'Science de la communication' ou même 'Science du vivre ensemble'. Celle-ci regrouperait les langues, la littérature, les arts, l'histoire, la rhétorique, la politique, les science humaines et sociales mais aussi la physique, la biologie et la chimie.

En réalité, toutes les sciences peuvent se ranger dans toutes les catégories, et c'est fait exprès. Il suffie de pouvoir justifier son emplacement.

Pourquoi faire ce regroupement?

Je pense que la première question qu'on doit se poser est plutôt: pourquoi regroupons nous les choses? Pourquoi n'avons nous pas juste de nombreuses matières différentes, chacune représentant sa propre enseigne?

Si la réponse peut paraitre évidente, c'est parce que (selon moi) elle l'est: c'est comme ça que marche le cerveau humain.

Pour comprendre le monde qui nous entoure, nous regroupons les choses en categories et désignons ces categories par les memes sons. Le mot 'table' représente toutes les tables qui existent, qui ont existé et qui existeront pour toute personne qui parle une langue dans laquelle 'table' veut dire table (en anglais par exemple ce mote reste le même; en espagnol, c'est un mot different: 'mesa'). Donc 'science' est la catégorie qui désigne tout ce qui se rattache à la définition du mot et il en va de même pour chacune des disciplines que nous avons vu. C'est pourquoi j'ai toujours inclus une définition au début de chaque chapitre.

A l'université on regroupe les matière en facultés, les bibliothèques aussi sont organisées par matières. C'est une façon de s'organiser car on peut compter et numéroter nos catégories et les membres qui les composent (voir la classification selon le système decimal de Dewey).

De plus, une organisation crée des associations implicites ou explicites. Par exemple les categorisation en sciences dures, inexactes etc sont extrêmement trompeuses je trouve. Rien n'est exact. La physique quantique et loi du chaos sont deux exemples qui démontrent clairement l'inexactitude de la physique ou des mathématiques, les sciences les plus 'dures' qui soient.

Puis comme nous l'avons vu, il est faux de considérer deux savoirs comme appartenant à des entités distinctes. Tout fait partie du meme tout.

L'organisation des domaines d'études devrait donc le refléter. Je trouve que les sciences du passé, présent, futur et de synthèse sont des groupes flexibles dans lesquels toute matière peut rentrer tant qu'on peut le justifier.

Paperback bonus: Ce qui n'est pas Science

Qu'est ce que la science? Mon but à travers ce livre a été d'une part de démontrer que la science n'est pas un sujet en lui-même, mais plutôt une méthode d'acquisition de savoir rigoureuse et bien définie.

Cela entraine que l'acquisition du savoir par d'autres méthodes n'est pas science. L'observation seule n'est pas science, la déduction seule n'est pas science, lire un article scientifique n'est pas science. Certes, on peut acquérir du savoir, et même un savoir très juste, mais nous ne faisons pas de science. De plus, ne pas acquérir du savoir n'est pas science. Utiliser la méthode scientifique pour ne pas acquérir du savoir n'est pour moi qu'un exercice non-scientifique.

Le doute est à la base de la science, ce qui est certain n'est pas scientifique. Ceci est repris dans le critère de falsifiabilité introduit par Karl Popper. La faisabilité demande que l'on puisse infirmer une hypothèse. On doit pouvoir prouver le contraire.

Par example, il n'est pas scientific de dire qu'il existe des zèbres bleus et oranges car on pourra toujours argumenter que les zèbres bleus et oranges sont bien cachés ou bien qu'ils sont invisibles aux humains. Il faudrait observer tous les zèbres existants pour pouvoir déterminer s'il existe ou non des zèbres bleus et oranges. Par contre, dire qu'il n'existe pas de zèbres bleus et oranges est une hypothèse falsifiable. Il suffit d'en trouver un seul pour infirmer l'hypothèse.

Tout n'est pas forcement scientifique mais peut le devenir lorsque l'on y applique la méthode scientifique proprement.

Notes

1. Je suis sûr d'avoir un jour lu une citation disant quelque chose comme « de la goutte d'eau on peut inférer l'océan et de l'océan on peut déduire la goutte d'eau ». Je ne me souviens plus de la formule exacte de cette citation, ni de son auteur, ni même du contexte duquel elle est tirée. J'en parle ici parce que le savoir infini et 'l'interconnectivité' des savoirs (le fait que tout savoir est d'une façon ou dune autre relié à tout autre savoir) me font penser à ce genre d'image. Je m'imagine un puzzle s'étendant à l'infini, dont chaque pièce est un savoir, une réponse à une question. Chaque nouvelle pièce rend l'image générale plus claire, chaque nouvelle pièce continue le dessin vers l'infini et dans tout ça, chaque pièce est connectée à toutes les autres pièces.

2. Dans *How to Invent Everything*, Ryan North présente un guide pour voyageur spatio-temporel perdu dans le passé dans le but de les aider à réinventer la société telle qu'on la connait (ou mieux). La première technologie présentée dans le bouquin est le langage articulé et je pense en effet (et je doute être le seul) que c'est la technologie qui débloque toutes les autres pour nous les humains.

3. En effet, les sciences des langues, de la communication etc font partie de programmes de recherche scientifiques. Des cours universitaires sont donnés sur le sujet, des articles scientifiques paraissent etc.

4. Pour plus de détails, une recherche wikipedia sur la linguistique sera un bon début.

5. Il parait qu'au moins 500 mots de la langue anglaise sont 'Shakespeariens'. (Je ne sais pas si ce chiffre est vrai.)

6. Ayant étudié la psychologie à l'université, je suis bien placé pour le savoir. Des expériences ont démontré d'influences des couleurs sur les émotions dans différentes cultures, d'autres ont liés des sons à des émotions etc. Ce que ces expériences ont en commun est qu'elles définissent ce qu'est un ressenti et comment le mesurer (par la concentration de neurotransmetteurs, hormones etc ou par des réactions corporelles ou bien d'autres façons encore). Elles présentent ensuite différents stimuli dans la modalité observée selon la méthode expérimentale pour produire des données et ensuite tirer des conclusions.

7. En tout cas c'est ce que j'ai apprit à l'école primaire et que j'ai pu confirmé sur un site de jeux éducatifs pour enfants, soit 3000-3500 années avant Jésus.

8. Et si vous voulez voir ces arts rupestre, une petite recherche internet vous montrera de très beaux exemples.

9. Selon wikipedia: « la neutralité axiologique est une posture méthodologique que le sociologue Max Weber a proposé dans *le Savant et le Politique*, qui vise à ce que le chercheur prenne conscience de ses propres valeurs lors de son travail scientifique, afin de réduire le plus possible les biais que ses propres jugements de valeur pourraient causer ».

10. Toujours selon wikipedia: « L'exigence développée par Weber fait partie des critères de la neutralité scientifique ».

11. « Pour tout chercheur, le véritable défi consiste à ne pas s'attarder dans le jardin sécurisant des connaissances et s'aventurer dans les terres sauvages de l'inconnu » - Marcus du Sautoy dans *Ce que Nous ne Saurons Jamais, Voyage aux frontières de la science*.

12. La loi du chaos dicte qu'une petite modification dans un système très interconnecté (comme la majorité des systèmes vivants) entraine des modifications à grande échelle. C'est l'effet papillon dont nous avons tous entendu parler.

13. En effet nous sommes loin de tout comprendre en biologie. Dans *Arrêtons d'Avoir Peur*, Didier Raoult aussi remet en question l'exactitude de la biologie, mais sans remettre ne cause son status de science.

14. C'est une autre chose dont parle Didier Raoult. Il ne peut pas y avoir de science sans doute. On ne peut pas avancer la connaissance efficacement et objectivement sans explorer tous les points de vue. Dans *L'Eloge de la Politique*, Alain Badiou defend le meme principe dans un autre contexte: il avance qu'on ne fait plus de politique aujourd'hui lorsque nous ne débattons que de la meilleure façon de gérer le monde en appliquant une même idéologie, et lorsque toute nouvelle idéologique est immédiatement critiquée, diabolisée et finalement rejetée. S'il n'y a plus de doute, il n'y a plus de politique.

15. À chaque nouvelle réponse s'associent une ou plusieurs nouvelles questions. Plus nous en apprenons, plus nous réalisons combien nous avons encore à apprendre. Il me semble que les expressions de connues connues, connues inconnues, inconnues connues et inconnues inconnues sont créditées à Donald Rumsfeld.
Chaque question est une inconnue connue et chaque réponse est une nouvelle connue connue. Les connues inconnues se déguisent souvent en vérités oubliées, en savoir faussement appelé faux ou, à l'échelle de l'humanité, en savoir acquis par un individu mais non propagé. En tout cas c'est ça que représente le terme de connues inconnues pour moi. La catégorie finale, les inconnues inconnues, est très certainement la plus grande et c'est justement en prenant continuellement conscience de la taille de cette catégorie particulière que nous réalisons de plus en plus à quel point nous en savons réellement peu sur l'ensemble des choses à savoir.

16. Thomas Samuel Kuhn défini un paradigme (dans le cadre des sciences sociales) comme: «des découvertes scientifiques universellement reconnues qui, pour un temps, fournissent à un groupe de chercheurs des problèmes types et des solutions ». Ces paradigmes se succèdent au fil du temps et différents domaines peuvent opérer selon leur propre paradigme ou selon un paradigme partagé. Par exemple, les différents courants artistiques peuvent être apparentés à des paradigmes se succédant et coexistant. Pour le domaine de la biologie, Ian Stewart récapitule cinq révolutions technologiques comme théoriques qui ont provoqué des bouleversements de paradigme en leurs temps. Ces révolutions ont été dues, par exemple, à l'invention du microscope, la théorie de l'évolution ou plus récemment à l'invention de la diffractométrie à rayons X qui nous a permis de déterminer la structure de l'ADN.

17-18. Certains termes que nous utilisons aujourd'hui, que ce soit dans la vie de tous les jours ou dans un milieu scientifique, sont à redéfinir. Les mots ne sont que des représentations de nos idées. Certains représentent des idées bien précise (électroencéphalogramme par exemple n'est utilisé que dans le contexte de mesurer les ondes électromagnétiques à la surface du crane d'une personne à ce que je sache) et d'autres représentent des idées plus floues comme par exemple intelligence, vérité, amour etc. Notre problème est qu'aujourd'hui, grace aux nouveaux savoirs que nous acquérons tous les jours, nous réalisons que certains des mots que nous utilisons représentes des idées incompatibles et que certaines idées qui devraient être reprises sous le meme mot ne le sont pas. Des mots comme 'vivant', 'virus', 'espèce' ont été remis en question de nombreuse fois récemment. Personnellement j'ai lu ces remises en questions dans trois livres de trois auteurs différents: *Sapiens*, *Arrêtons d'Avoir Peur* et *Les Mathématiques du Vivant* par Yuval Noah Harari, Didier Raoult et Ian Stewart respectivement.

19-20. Bill Bryson raconte l'histoire fascinante du modèle atomique dans *A Brief History of Nearly Everything*.

21. Les mathématiques découlent de la logique. Dans *How to Invent Everything*, Ryan North dresse une table regroupant tous les syllogismes valides sous formes de phrases et sous formes de symboles mathématiques.

22. Selon google, la topologie est une « études des propriétés invariantes dans la déformations géométrique des objets dans les transformations continues appliquées à des êtres mathématiques ». En français cela veut dire l'études des propriétés géométriques conservées lorsqu'une forme géométrique est transformée sans être 'cassée'. Les applications de la topologie dans la cosmologie impliquent par exemple la forme de l'univers (*Shape of a Life*, Shing-Tung Yao; *A Brief History of Time*, Stephen Hawking) et celles en médecine concernent la forme que peuvent avoir des virus, bactéries, etc (*Arrêtons d'Avoir Peur*, Didier Raoult). Je ne sais pas si c'est déjà en cours (si j'y ai pensé d'autres y ont très certainement pensé avant moi) mais je pense que la topologie peut aussi être appliquée à la génétique. Un modèle topologie de l'ADN pourrait nous aider à mieux comprendre les transformations de l'ADN, aussi appelées mutations génétiques.

23. En physique nous faisons sans cesse recours à la trigonométrie. Connaitre et comprendre les formes des molécules nous aide à comprendre leurs propriétés. Dans art, les formes géométriques, les symétries ou absence de symétrie sont aussi souvent utilisées (cubisme, Picasso etc).

24. En consultant l'histoire des sciences sur wikipedia, on apprend que « C'est aux époques protohistoriques qu'ont commencé à se développer les spéculations intellectuelles visant à élucider les mystères de l'univers ». Avant l'écriture tout ce que l'on pouvait faire pour spéculer sur la nature et les mystères de l'univers se résumais à en débattre oralement. En d'autres mots, faire de la philosophie.

25. Et par là je ne veux absolument pas dire que nous sommes les seuls à philosopher! De la même façon que beaucoup d'humains ont leur propre signature (et leur propre philosophie aussi d'ailleurs), je suis de l'avis que beaucoup d'espèces vivantes possèdent leur propre philosophie (dans le sens d'une manière propre de voir et de penser au monde partagée par les membres de l'espèce avec de petites differences au niveau individuel) et celles-ci sont des fenêtres nous permettant d'avoir un aperçu sur l'esprit d'un individu d'une espèce.

26. Tout comme en politique et en science, c'est le débat d'idées différentes qui fait la philosophie. Le doute et l'inconnu ne doivent jamais être écartés mais plutôt poursuivis. J'irais même jusqu'à dire que ceci est vrai pour toute acquisition de savoir.

27. Personnellement, quand j'entend expérience de pensée, j'entend Albert Einstein. Je pense cependant que la plus fameuse des expériences de pensées est peut-être celle du chat de Schrödinger. Nous imaginons un chat enfermé dans une boite avec un poison pouvant être relâché spontanément. Nous ne voyons pas à l'intérieur de la boite et n'avons aucun moyen de savoir ce qu'il s'y passe sans l'ouvrir. Le but de l'experience est (si je l'ai bien compris) d'illustrer l'idée de superposition des états en physique quantique. Dans l'expérience du chat, deux états sont superposés, la vie et la mort du chat et ces états restent superposés tant que la boite n'est pas ouverte. Je ne m'aventurerai pas dans une interprétation de cette expérience mais je vous invite à mener vos propres recherches dans ce domaine fascinant.

28. C'est en cours de philosophie que j'ai appris ce qu'était l'épistémologie. Ici, je vais faire comme pour les autres matières de ce livre et utiliser la definition du Larousse: « Disciple qui prend la connaissance scientifique pour objet ». En cours, j'ai aussi appris que l'épistémologie et l'éthique sont des branches de la philosophie. Je trouve amusant le fait que toute recherche scientifique (donc qui s'émancipe de la philosophie) est soumise d'abord à un comité d'éthique et ensuite à une étude épistémologique.

29. Pour ceux qui ne la connaissent pas encore (et c'était aussi mon cas avant que je la connaisse), l'allégorie de la caverne met en scène des hommes enchaînés dans une caverne, un monde souterrain (qui n'est donc pas le monde externe) et qui font face à un mur. Sur ce mur sont reflétées les ombres de ces hommes et de divers objets se trouvant derrière eux et illuminé par la lumière venant du monde extérieur. Cette allégorie a pour but d'illustrer notre façon d'acquérir des connaissances et de les transmettre, par le biais des ombres.

Bibliography

Définitions Larousse

Larousse, É., 2020. *Définitions : Art - Dictionnaire De Français Larousse*. [online] Larousse.fr. Available at: <https://www.larousse.fr/dictionnaires/francais/art/5509?q=art#5484> [Accessed 6 September 2020].

Larousse, É., 2020. *Définitions : Biologie - Dictionnaire De Français Larousse*. [online] Larousse.fr. Available at: <https://www.larousse.fr/dictionnaires/francais/biologie/9430?q=biologie#9334> [Accessed 6 September 2020].

Larousse, É., 2020. *Définitions : Chimie - Dictionnaire De Français Larousse*. [online] Larousse.fr. Available at: <https://www.larousse.fr/dictionnaires/francais/chimie/15346?q=chimie#15205> [Accessed 6 September 2020].

Larousse, É., 2020. *Définitions : Épistémologie - Dictionnaire De Français Larousse*. [online] Larousse.fr. Available at: <https://www.larousse.fr/dictionnaires/francais/épistémologie/30520?q=epistemologie#30435> [Accessed 6 September 2020].

Larousse, É., 2020. *Définitions : Géométrie - Dictionnaire De Français Larousse*. [online] Larousse.fr. Available at: <https://www.larousse.fr/dictionnaires/francais/géométrie/36689?q=géométrie#36638> [Accessed 6 September 2020].

Larousse, É., 2020. *Définitions : Histoire - Dictionnaire De Français Larousse*. [online] Larousse.fr. Available at: <https://www.larousse.fr/dictionnaires/francais/histoire/40070?q=histoire#39991> [Accessed 6 September 2020].

Larousse, É., 2020. *Définitions : Langue - Dictionnaire De Français Larousse*. [online] Larousse.fr. Available at: <https://www.larousse.fr/dictionnaires/francais/langue/46180?q=langue#46106> [Accessed 6 September 2020].

Larousse, É., 2020. *Définitions : Littérature - Dictionnaire De Français Larousse*. [online] Larousse.fr. Available at: <https://www.larousse.fr/dictionnaires/francais/littérature/47503?q=litterature#47433> [Accessed 6 September 2020].

Larousse, É., 2020. *Définitions : Mathématiques - Dictionnaire De Français Larousse*. [online] Larousse.fr. Available at: <https://www.larousse.fr/dictionnaires/francais/mathématiques/49860?q=mathematiques#49762> [Accessed 6 September 2020].

Larousse, É., 2020. *Définitions : Objectivité - Dictionnaire De Français Larousse*. [online] Larousse.fr. Available at: <https://www.larousse.fr/dictionnaires/francais/objectivité/55365> [Accessed 6 September 2020].

Larousse, É., 2020. *Définitions : Philosophie - Dictionnaire De Français Larousse*. [online] Larousse.fr. Available at: <https://www.larousse.fr/dictionnaires/francais/philosophie/60268?q=philosophie#59895> [Accessed 6 September 2020].

Larousse, É., 2020. *Définitions : Physique - Dictionnaire De Français Larousse*. [online] Larousse.fr. Available at: <https://www.larousse.fr/dictionnaires/francais/physique/60630?q=physique#60252> [Accessed 6 September 2020].

Larousse, É., 2020. *Définitions : Psychologie - Dictionnaire De Français Larousse*. [online] Larousse.fr. Available at: <https://www.larousse.fr/dictionnaires/francais/psychologie/64844?q=psychologie#64118> [Accessed 6 September 2020].

Larousse, É., 2020. *Définitions : Sciences - Dictionnaire De Français Larousse*. [online] Larousse.fr. Available at: <https://www.larousse.fr/dictionnaires/francais/sciences/71468/locution?q=sciences+sociales#174929> [Accessed 6 September 2020].

Larousse, É., 2020. *Définitions : Sémantique - Dictionnaire De Français Larousse*. [online] Larousse.fr. Available at: <https://www.larousse.fr/dictionnaires/francais/sémantique/71932?q=semantique#71134> [Accessed 6 September 2020].

Larousse, É., 2020. *Définitions : Sociologie - Dictionnaire De Français Larousse*. [online] Larousse.fr. Available at: <https://www.larousse.fr/dictionnaires/francais/sociologie/73173?q=sociologie#72345> [Accessed 6 September 2020].

Autres

Fr.wikipedia.org. 2020. *Allégorie De La Caverne*. [online] Available at: <https://fr.wikipedia.org/wiki/Allégorie_de_la_caverne> [Accessed 10 September 2020].

Fr.wikipedia.org. 2020. *Art Rupestre*. [online] Available at: <https://fr.wikipedia.org/wiki/Art_rupestre> [Accessed 10 September 2020].

Fr.wikipedia.org. 2020. *Atome*. [online] Available at: <https://fr.wikipedia.org/wiki/Atome> [Accessed 10 September 2020].

Badiou, A. and Lancelin, A., 2019. *Éloge De La Politique*. [Paris]: Flammarion.

LExpress.fr. 2020. *Ce Qu'écrit Donald Rumsfeld Dans Ses Mémoires*. [online] Available at: <https://www.lexpress.fr/actualite/monde/ce-qu-ecrit-rumsfeld-dans-ses-confessions_961503.html> [Accessed 10 September 2020].

Fr.wikipedia.org. 2020. *Chat De Schrödinger*. [online] Available at: <https://fr.wikipedia.org/wiki/Chat_de_Schrödinger> [Accessed 10 September 2020].

Virginia Commonwealth University. 2021. *Commitment to Privacy*. [online] Available at: <https://courses.vcu.edu/PHY-rhg/astron/html/mod/006/index.html#:~:text=They%20would%20say%20%2D%2D%2D%20%22The,of%20them%20belong%20in%20science.> [Accessed 28 January 2021].

Corneille, O., de Mol, J. and Edwards, M., 2019. *LPSP1210 Méthodologie De La Recherche*.

Du Sautoy, M., 2016. *Ce Que Nous Ne Saurons Jamais*. Flammarion.

Girard, L., 2010. *Couleur & Perception*. [online] Laurejmgirard.com. Available at: <http://www.laurejmgirard.com/couleur-et-perception.pdf> [Accessed 10 September 2020].

Harari, Y., 2019. *Sapiens*. London: Vintage.

Hawking, S., 1992. *Stephen Hawking's A Brief History Of Time*. New York: Bantam Books.

Hawking, S. and Mlodinow, L., 2008. *A Briefer History Of Time*. New York: Bantam Dell.

Hernandez, P. and Hernandez, B., 2020. *Jean-Michel Déprats : "William Shakespeare Est Un Créateur De Langue"*. [online] Le Point. Available at: <https://www.lepoint.fr/culture/jean-michel-deprats-shakespeare-est-un-createur-de-langue-21-04-2016-2033804_3.php#> [Accessed 10 September 2020].

Fr.wikipedia.org. 2020. *Histoire Des Sciences*. [online] Available at: <https://fr.wikipedia.org/wiki/Histoire_des_sciences> [Accessed 10 September 2020].

Monroe County Public Library, Indiana - mcpl.info. 2020. *How To Use The Dewey Decimal System*. [online] Available at: <https://mcpl.info/childrens/how-use-dewey-decimal-system> [Accessed 18 November 2020].

Medium. 2020. *Imagination Is More Important Than Knowledge*. [online] Available at: <https://medium.com/@treadmilltreats/imagination-is-more-important-than-knowledge-14cd3ebdd388> [Accessed 10 September 2020].

Klein, J., 2015. *Penser Art Thérapie*. Paris: Presse Universitaire de France.

Institut Pandore. 2020. *L'histoire Du Chat De Schrödinger Expliquée Simplement*. [online] Available at: <https://www.institut-pandore.com/physique-quantique/chat-schrodinger-superposition-quantique/> [Accessed 10 September 2020].

Leclercq, J., 2017. *Philosophie: Éducation, Santé, Et Travail*.

Lumni.fr. 2020. *Les Différentes Périodes Historiques : Préhistoire, Antiquité, Moyen Âge*. [online] Available at: <https://www.lumni.fr/jeu/les-differentes-periodes-historiques-prehistoire-antiquite-moyen-age> [Accessed 10 September 2020].

Mancuso, S., Viola, A., Pollan, M. and Temperini, R., 2018. *L'intelligence Des Plantes*. Paris: Albin Michel.

Fr.wikipedia.org. 2020. *Méthode Scientifique*. [online] Available at: <https://fr.wikipedia.org/wiki/Méthode_scientifique> [Accessed 6 September 2020].

Mancuso, S., Viola, A., Pollan, M. and Temperini, R., 2018. *L'intelligence Des Plantes*. Paris: Albin Michel.

Fr.wikipedia.org. 2020. *Méthode Scientifique*. [online] Available at: <https://fr.wikipedia.org/wiki/Méthode_scientifique> [Accessed 6 September 2020].

Fr.wikipedia.org. 2020. *Neutralité Axiologique*. [online] Available at: <https://fr.wikipedia.org/wiki/Neutralité_axiologique> [Accessed 10 September 2020].

NORTH, R., 2020. *HOW TO INVENT EVERYTHING*. [Place of publication not identified]: VIRGIN Books.

Fr.wikipedia.org. 2020. *Paradigme*. [online] Available at: <https://fr.wikipedia.org/wiki/Paradigme> [Accessed 10 September 2020].

Pellet, J., 2008. *Effets De La Couleur Des Sites Web Marchands Sur La Memorisation Et Sur L'Intention D'Achat De L'Internaute*. Candidat Ph.D Science de Gestion. Université de Nantes.

Fr.wikipedia.org. 2020. *Philosophie*. [online] Available at: <https://fr.wikipedia.org/wiki/Philosophie> [Accessed 10 September 2020].

Fr.wiktionary.org. 2020. *Physique — Wiktionnaire*. [online] Available at: <https://fr.wiktionary.org/wiki/physique> [Accessed 10 September 2020].

Raoult, D., 2019. *Arrêtons D'avoir Peur!*. Paris: J'ai lu.

Fr.wikipedia.org. 2020. *Sciences Humaines Et Sociales*. [online] Available at: <https://fr.wikipedia.org/wiki/Portail:Sciences_humaines_et_sociales> [Accessed 10 September 2020].

Fr.wikipedia.org. 2020. *Sémantique*. [online] Available at: <https://fr.wikipedia.org/wiki/Sémantique> [Accessed 6 September 2020].

Fr.wikipedia.org. 2020. *Sciences Humaines Et Sociales*. [online] Available at: <https://fr.wikipedia.org/wiki/Portail:Sciences_humaines_et_sociales> [Accessed 10 September 2020].

Fr.wikipedia.org. 2020. *Sémantique*. [online] Available at: <https://fr.wikipedia.org/wiki/Sémantique> [Accessed 6 September 2020].

Stewart, I. and Courcelle, O., 2016. *Les Mathématiques Du Vivant Ou La Clef Des Mystères De L'existence*. [Paris]: Flammarion.

Tegmark, M. and Clenet, B., 2014. *Notre Univers Mathématique*. France: EKHO.

Fr.wikipedia.org. 2020. *Théorie Du Chaos*. [online] Available at: <https://fr.wikipedia.org/wiki/Théorie_du_chaos> [Accessed 10 September 2020].

Tompkins, P. and Bird, C., 2018. *La Vie Secrète Des Plantes*. Paris: Guy Trédaniel éditeur.

QQ Citations. 2020. *Voltaire*. [online] Available at: <https://qqcitations.com/citation/120666> [Accessed 10 September 2020].

Wohlleben, P., 2018. *Vie Secrete Des Animaux*. Audiolib.

Wohlleben, P. and Tresca, C., 2019. *La Vie Secrète Des Arbres*. [Paris]: les Arènes.

Yau, S. and Nadis, S., 2018. *The Shape Of A Life*. New Haven and London: Yale University Press.

www.ingramcontent.com/pod-product-compliance
Lightning Source LLC
Chambersburg PA
CBHW030520220526
15464CB00006B/2878